Bibliografische Information der Deutschen Nationalbibliothek:

Die Deutsche Bibliothek verzeichnet diese Publikation in der Deutschen Nationalbibliografie; detaillierte bibliografische Daten sind im Internet über http://dnb.d-nb.de/ abrufbar.

Impressum:

Druck und Bindung: Books on Demand GmbH, Norderstedt Germany
ISBN: 9783668517882

Dieses Buch bei GRIN:

http://www.grin.com/de/e-book/374538/untersuchung-verschiedener-einfluesse-auf-die-bereitschaft-zum-ehrenamt

Johanna Seibert

Untersuchung verschiedener Einflüsse auf die Bereitschaft zum Ehrenamt

Eine Quantitative Analyse

GRIN Verlag

INHALTSVERZEICHNIS

ABBILDUNGSVERZEICHNIS

I. EINLEITUNG

In Deutschland gibt es etwa 600.000 eingetragene Vereine, circa 16.000 Stiftungen, zahlreiche Organisationen und verschiedene Formen bürgerschaftlichen Engagements. Etwa 30,9 Millionen Menschen engagieren sich ehrenamtlich (Priller et al. 2009, S. 5). Der Anteil der Personen, die sich freiwillig engagieren, ist in den letzten Jahren um knapp zehn Prozentpunkte gestiegen, was man als Ausdruck einer vitalen Zivilgesellschaft werten kann (Tesch-Römer et al. 2016, S. 15).

Der zahlenmäßige Zuwachs an freiwillig engagierten Personen lässt sich auf gesellschaftliche Veränderungen, wie die zunehmende Individualisierung, den Verlust sozialer Bindungen oder soziale Desintegration, aber auch auf das gestiegene öffentliche Interesse seitens Medien und Politik zurückführen (Priller et al. 2009, S. 5). Gerade die Politik fördert und unterstützt ehrenamtliche Aktivitäten, weshalb sich freiwilliges Engagement zu einer Form der sozialen Teilhabe entwickeln konnte (Tesch-Römer et al. 2016, S. 15).

Das Phänomen Ehrenamt war bislang vornehmlich im kommunalen Bereich und auf Landesebene präsent und hat sich in den letzten Jahren als ein wichtiges Thema der Bundespolitik etabliert. Viele Parteien haben Maßnahmen und Vorschläge für eine politische Unterstützung und Förderung im freiwilligen Ehrenamt ausformuliert (Olk et al. 2010, S. 11).

Aufgrund des gestiegenen Interesses an der Thematik des bürgerschaftlichen Engagements ist es wichtig, verschiedene Einflussfaktoren in diesem Bereich zu analysieren. Sowohl für zivilgesellschaftliche Akteure, als auch für die Politik sind Ergebnisse über die Verbreitung und den Wandel des Ehrenamts wertvoll, um angemessen darauf reagieren zu können (Tesch-Römer et al. 2016, S. 5). In dieser Hausarbeit liegt der Fokus auf der Bereitschaft zum Ehrenamt. Es sollen verschiedene Aspekte untersucht werden, die einen Einfluss darauf haben, ob Personen bereit sind, sich in Zukunft ehrenamtlich zu betätigen.

Der erste Teil der Arbeit widmet sich der theoretischen Herangehensweise und dem Stand der Wissenschaft. Darauf aufbauend werden die Arbeitshypothesen abgeleitet, die als Grundlage der empirischen Analyse dienen. Das darauffolgende Kapitel ist auf die Beschreibung der Variablen, Daten und Methoden fokussiert. Im vierten Kapitel wird mithilfe statistischer Zusammenhangsmaße und einer Regressionsanalyse die empirische Analyse durchgeführt und dargestellt. Ziel dieser Arbeit ist es, verschiedene Zusammenhänge zwischen der Bereitschaft zum Engagement und ausgewählten Variablen aufzuzeigen. Abschließend werden die Ergebnisse der Untersuchung diskutiert und kritisch betrachtet.

II. THEORETISCHE EINBETTUNG

2.1 THEORIE

Vor der Analyse der verschiedenen Einflüsse auf die Bereitschaft zum Ehrenamt ist eine Auseinandersetzung mit dem begrifflichen Instrumentarium notwendig. Daher gilt es „Ehrenamt" sowie „Bereitschaft zum Ehrenamt" klar zu definieren und zu differenzieren. In diesem Kapitel werden die in der Literatur diskutierten Definitionen vorgestellt und dahingehend analysiert, welche von ihnen den Anforderungen sowie dem Spektrum dieser Arbeit am besten entsprechen.

Laut Definition des „Brockhaus" bedeutet der Begriff **Ehrenamt** ein "öffentliches Amt, das ohne Entgelt ausgeübt wird, teils als Plicht (Schöffe), teils freiwillig (Gemeindeämter)" (Adams 2010, S. 260). Entgegen dieser Definition wird ein sogenanntes Pflicht-Ehrenamt in dieser Arbeit nicht behandelt. Nur das freiwillige Ehrenamt soll näher betrachtet werden. Hierbei handelt es sich um ein gemeinwohlorientiertes und freiwilliges Engagement, das unbezahlt oder gegen eine geringe Aufwandsentschädigung ausgeübt wird. Es lässt sich in verschiedene Bereiche unterteilen und ist in den unterschiedlichsten Teilbereichen der Gesellschaft anzutreffen (BMFSFJ 2016, 5 ff.). Auch die Ziele und Motivationen hinter einem freiwilligen Engagement sind sehr vielseitig, jedoch zählt der Kontakt zu Mitmenschen, sowie die Unterstützung durch Menschen, die sich in einer ähnlichen Lebenslage befinden, zu den relevantesten Gründen (Tesch-Römer et al. 2016, S. 25). Zur weiteren begrifflichen Bestimmung ist es notwendig, die Bereiche des Ehrenamts zu erläutern, welche mittels Fragebogen abgefragt wurden. Sie reichen von Kinder-, Jugend- und Bildungsarbeit, Berufliche/ Studentische Interessensvertretung, Politische Interessensvertretung, Sport und Bewegung, Kultur und Musik, Freizeit und Geselligkeit, Umwelt-, Natur- und Tierschutz, Feuerwehr und Rettungsdienste, Lokales Bürgerengagement, Sozialer Bereich (Pflege und Gesundheit) bis zu Kirche und Religion. In dieser Definition wird zwischen keinem gesellschaftlichen Bereich des Ehrenamts unterschieden.

Folgt man der Definition des „Freiwilligen Survey" sind für die **Bereitschaft zum Ehrenamt** das Nicht-Engagement oder ein früheres Engagement Voraussetzung. Personen, die noch nie ein ehrenamtlichen Amt übernommen haben, werden als „externes Engagementpotential" bezeichnet (Gensicke et al. 2006, S. 68). Als „internes Engagementpotential" werden jene Personen angesehen, die bereits einmal engagiert waren. Personen, die bereits engagiert sind und bereit sind das Engagement noch zu erweitern, bezeichnet man laut „Freiwilligen Survey" ebenfalls als das „interne Engagementpotential" (Tesch-Römer et al. 2016, 151 ff.; Gensicke et al. 2006, 68 f.). Aufgrund der Filterführung ist eine solche Unterscheidung mit den vorhandenen Daten nicht möglich. Es kann nur zwischen Personen unterschieden werden, die einerseits noch nie ehrenamtlich aktiv waren und andererseits den Befragten, die schon einmal engagiert waren und dieses Ehrenamt aufgegeben haben. Für die Definition ist vor allem das Verhältnis zur Bereitschaft zum Ehrenamt von Bedeutung. Diese Bereitschaft lässt sich in „nicht bereit“ und „bereit“ unterteilen. Für die empirische Analyse dieser Arbeit sind vor allem die Personen interessant, die zum Engagement bereit wären.

2.2 FORSCHUNGSSTAND

Die Ergebnisse des „Freiwilligen Survey“ 2014 dienen als Grundlage der vorliegenden Analyse. Sie wurden in einem Bericht zusammengefasst veröffentlicht. Aus diesen Ergebnissen lassen sich viele Erkenntnisse zur Bereitschaft zum Ehrenamt ableiten. Der Schwerpunkt dieser empirischen Analyse wird auch im Bericht zum Freiwilligensurvey zentral bearbeitet, allerdings eher im Zusammenhang mit früherem Engagement (Tesch-Römer et al. 2016).
Im Sammelband „Psychologie der Freiwilligenarbeit“ werden Freiwilligenarbeit als Arbeitstätigkeit, die Motivation zum Ehrenamt sowie die Gestaltung und Organisation thematisch behandelt. Aus der Analyse dieses Buches lassen sich viele Erkenntnisse über die Bereitschaft älterer Personen zum Ehrenamt oder die Motivation zum Engagement gewinnen (Wehner und Güntert 2015).
Der Fokus des Berichts der Enquete-Kommission liegt auf ehrenamtlichem Engagement und Erwerbsarbeit. Darin werden vielfältige Zusammenhänge zwischen Freiwilligenarbeit und Erwerbsarbeit dargestellt und vor allem auch die Notwendigkeit des Ehrenamts in der Zukunft thematisiert. Die Bereitschaft, sich ehrenamtlich zu engagieren, wird in diesem Teil der Schriftreihe auch hinsichtlich der Erwerbstätigkeit bearbeitet (Hans Böckler Stiftung 2002). Ein weiterer zentraler Forschungsaspekt dieser Studie ist der Zusammenhang zwischen dem Bildungsgrad und der Freiwilligenarbeit. Die Relevanz des Bildungsgrades ist im Hinblick auf die Bereitschaft zum Engagement ebenfalls von Bedeutung (Hans Böckler Stiftung 2002).
Im Bericht „Motivation und Haltekraft im Ehrenamt“ wird die Bereitschaft zum Ehrenamt analysiert. Der Fokus dieses Berichts liegt auf einem ausgewählten Engagementbereich, nämlich dem der Freiwilligen Feuerwehr und des THW. Hier gehen die Autoren zentral auf die soziologischen Hintergründe für die Motivation und Bereitschaft zum Ehrenamt ein (Wenzel et al. 2015).
Victor Feiler konzentriert sich in seinem Buch „Funktionslogiken organisierten freiwilligen Engagements“ zwar nur auf das Ehrenamt im Kolpingwerk Deutschland, jedoch wird das Thema „Bereitschaft zum Ehrenamt“ hinsichtlich des Engagements von Familienmitgliedern behandelt. Da das Thema auch in dieser Analyse eine gewisse Bedeutung hat, können vom Engagement der Kolpingfamilie Rückschlüsse auf die Bereitschaft, sich ehrenamtlich zu engagieren, gezogen werden (Feiler 2016).

Der ausgewählte Stand der Forschung zeigt im Allgemeinen, dass zentrale und relevante Aspekte des Themas zwar untersucht wurden, ohne sich jedoch mit den Einzelaspekten genauer auseinander gesetzt zu haben. Die meisten diesbezüglichen Berichte, Studien oder Analysen von Staat, Universitäten oder freiwilligen Organisationen behandeln das Thema des Ehrenamts und widmen lediglich ein Unterkapitel der Bereitschaft zum Engagement. Auffallend ist, dass sich die wenigsten Forschungen auf die Aspekte, welche die Bereitschaft beeinflussen, konzentrieren. Eine Auseinandersetzung mit der Relevanz der Bereitwilligkeit ist daher notwendig, da die daraus entstehenden Erkenntnisse für das zukünftige Ehrenamt von Bedeutung sein können.

2.3 HYPOTHESENABLEITUNG

Statistische Hypothesen sind formalisierte Aussagen zur Überprüfung präziser Annahmen, die durch statistische Verfahren überprüft werden sollen. Eine Hypothese muss so formuliert werden, dass sie auch widerlegt werden kann. Eine Alternativhypothese (H_1) ist eine formulierte Aussage, mit welcher ein Phänomen oder Zusammenhang offen gelegt werden soll. Die Nullhypothese (H_0) ist die formale Gegenhypothese zur Alternativhypothese. Das ist eine Negativhypothese, die besagt, dass die komplementäre Aussage zur Alternativhypothese richtig ist (Kuckartz et al. 2013, S. 145). Nachfolgend werden die Alternativhypothesen aufgestellt, die im empirischen Teil dieser Arbeit mittels Chi²-Teststatistik überprüft werden sollen.

H1: Es ist davon auszugehen, dass die Geschlechterzugehörigkeit einen Einfluss auf die Bereitschaft zum Ehrenamt hat. Demnach sind Männer eher bereit sich ehrenamtlich zu engagieren als Frauen (Hollstein 2015, 43 f.).

H2: Gerade ältere Personen sind häufiger im freiwilligen Engagement anzutreffen und beginnen auch im höheren Lebensalter neue ehrenamtliche Aktivitäten (Kohli et al. 1993, S. 182; Kubisch 2016, 35 f.). Sich im Alter ehrenamtlich zu engagieren ist demnach verbreitet. Deshalb sind ältere Personen eher bereit sich freiwillig zu engagieren als jüngere Personen (Kohli et al. 1993, 275 ff.).

H3: Der Bildungsgrad ist im Ehrenamt besonders von Bedeutung. Höher gebildete Personen sind vermehrt im Ehrenamt vorzufinden (Hollstein 2015, S. 58). Ein hoher Bildungsstatus kann daher der Auslöser für freiwilliges Engagement sein. Daraus lässt sich ableiten, dass höher gebildete Personen eher bereit sind sich zu engagieren, als weniger gebildete (Tesch-Römer et al. 2016, S. 149).

H4: Des Weiteren ist davon auszugehen, dass Personen ohne partnerschaftliche Bindung eher bereit sind, sich freiwillig zu engagieren. Da es nur eine eingeschränkte, gesellschaftliche Sphäre gibt, in der der Prozess der Partnersuche erfolgen kann, stellen Vereins- und

Freizeitaktivitäten einen hohen Anteil davon dar (Priller et al. 2009, S. 123). Aus diesem Grund kann das Ehrenamt gerade für Singles attraktiver sein als für Personen in einer festen Partnerschaft. Daher sind Personen ohne festen Partner eher bereit sich zu engagieren, als Personen, die in einer Partnerschaft leben (Häring 2014, 131 ff.).

H5: Auch die Freizeit hat Einfluss auf die Bereitschaft, sich ehrenamtlich zu engagieren. Nehmen berufliche, soziale und private Aspekte den Alltag einer Person vollkommen ein, so ist diese weniger bereit, eine weitere Aktivität auszuüben (Hondrich et al. 1988, S. 7). Bewertet eine Person hingegen ihre Freizeit als ausreichend, so ist die Wahrscheinlichkeit höher, dass sie sich einem weiteren Hobby oder einer ehrenamtlichen Aufgabe widmet. Personen mit ausreichend Freizeit sind eher bereit sich zu engagieren, als Personen mit nicht ausreichender Freizeit (Wehner und Güntert 2015, S. 9).

H6: Wenn Familienmitglieder über ihre Erfahrungen und Erlebnisse im Ehrenamt berichten, entsteht dadurch ein erstmaliger Kontakt bzw. Zugang zu ehrenamtlichen Aktivitäten. Der Einfluss der Familienmitglieder und der erleichterte Zugang zum freiwilligen Engagement bewirkt, dass Personen mit engagierten Verwandten eher dazu bereit sind, sich ehrenamtlich zu betätigen, als Personen ohne ehrenamtlich aktive Verwandte (Tesch-Römer et al. 2016, S. 167). Aus diesem Grund sind Personen, deren Familienmitglieder bereits ehrenamtlich aktiv sind, eher bereit sich zu engagieren, als Personen mit Familienmitgliedern, die nicht ehrenamtlich tätig sind (Wehner und Güntert 2015, S. 240).

III. DATEN, VARIABLEN UND METHODEN

Die empirische Analyse dieser Arbeit basiert auf dem, im Modul „Quantitatives Forschungspraktikum Teil I" der Universität Rostock, konstruierten Fragebogen, bestehend aus 60 Fragen. Die einzelnen Fragen sind in sechs verschiedene Themenblöcke unterteilt und die Bearbeitungszeit liegt zwischen 20 und 30 Minuten. Der Fragebogen beginnt mit dem Anschreiben, durch welches dem Befragten Anonymität und Datenschutz zugesichert werden sollen (Anhang 1: Anschreiben). Daran schließt die Eingabe der Kennung des Interviewers, sowie die Angaben zu Alter und Geschlecht an. Die Kennung des Interviewers diente der Erfassung der Anzahl der Befragten pro Student. Beginnend mit drei Fragen zu Freizeit, Mediennutzung & Zeitverwendung wird das Engagement erfragt. Darauf folgen, je nach Angabe, die Fragen zum freiwilligen Engagement oder die Fragen an Personen, die kein freiwilliges Ehrenamt ausüben. Dies wurde mittels Filterführung gesteuert. Des Weiteren beantworten ab dem Fragenteil C wieder alle Probanden die gleichen Fragen. Der dritte Fragenblock enthält acht Fragen zur familiären Situation & dem sozialen Umfeld. Im Teil D des Fragebogens werden zwölf soziodemographischen Merkmale erfragt. Zu den Themen Gesundheit, Wohlbefinden, Lebenszufriedenheit gibt es vier Fragen. Im letzten Teil des Fragebogens werden zwölf Fragen zu Persönlichkeitsmerkmalen, Einstellungen und Werte & Normen gestellt. Im Fragebogen sind verschiedene Fragetypen enthalten. Es wurden Filter-, Einstellungs-, Überzeugungs-, und Verhaltensfragen verwendet. Diese Fragetypen wurden in Form von geschlossenen, offenen und halboffenen Fragen gestellt. Insgesamt haben 1024 Personen diesen Fragebogen abgeschlossen. Für die empirische Analyse werden die 1006 Datensätze verwendet, die die letzte Seite des Fragebogens erreicht haben, weniger als 21% fehlende Antworten beinhalten und der Altersstruktur des Quotenplans entsprechen. Vor der Erhebung der Daten wurde ein Pretest durchgeführt, um die Filterführung zu überprüfen und weitere Fehlerquellen auszuschalten. Der Fragebogen wurde durch die teilnehmenden Studierenden des Forschungskolloquiums vom 22.07.2016 bis zum 18.10.2016 über einen Link im Internet gezielt an Personen aus dem persönlichen Umfeld verschickt. Die Datenaufbereitung und -auswertung erfolgt mithilfe der Analysesoftware SPSS. Es sollten etwa 2-3 Probanden pro 5-jähriger Altersgruppe und Geschlecht befragt werden. Pro Student wurden zusätzlich drei persönliche Interviews durchgeführt. Damit alle Altersgruppen in etwa gleich stark in der Grundgesamtheit vertreten sind, wurde ein Quotenplan erstellt (Diekmann 2016, S. 391):

Altersgruppen	Soll- Anzahl N = 1.500		Ist-Anzahl N = 924	
	Männer	Frauen	Männer	Frauen
20 - 24	80	76	101	195
24 - 29	90	85	96	97
30 - 34	87	85	40	51
35 - 39	81	80	27	43
40 - 44	89	87	22	39
45 - 49	116	113	27	56
50 - 54	117	115	34	39
55 - 59	99	100	28	29
Insgesamt	759	741	375	549

Altersgruppen	Soll- Quoten		Ist-Quoten	
	Männer	Frauen	Männer	Frauen
20 - 24	5,33%	5,04%	10,90%	21,10%
24 - 29	5,99%	5,69%	10,40%	10,50%
30 - 34	5,83%	5,65%	4,30%	5,50%
35 - 39	5,43%	5,34%	2,90%	4,70%
40 - 44	5,91%	5,82%	2,40%	4,20%
45 - 49	7,70%	7,51%	2,90%	6,10%
50 - 54	7,82%	7,70%	3,70%	4,20%
55 - 59	6,60%	6,65%	3,00%	3,10%
Insgesamt	50,61%	49,39%	40,60%	59,40%

ABBILDUNG 1: QUOTENPLAN
QUELLE: ZENSUS 2014 UND GE 2016 (EIGENE BERECHNUNGEN)

Die Soll-Quoten wurden aus aktuellen Bevölkerungszahlen des Statistischen Bundesamts generiert. Die Ist-Quoten ergeben sich aus den erhobenen Daten und sind im Vergleich zu den Soll-Quoten in den höheren Altersgruppen ab der Kategorsie der „30-34 jährigen" deutlich unterrepräsentiert. Aufgrund dieser Verzerrung im Analyse Sample ist eine Gewichtung der Altersgruppen notwendig. Verzerrungen entstehen aufgrund einer Über- bzw. Untererfassung bestimmter Bevölkerungsgruppen und lassen deshalb keine Rückschlüsse und Übertragbarkeit auf die Grundgesamtheit zu (Schnell et al. 2014, 390 f.). Bei den verwendeten Daten handelt es sich zum einen um eine Übererfassung von jüngeren Altersgruppen (20-24 jährige und 25-29 jährige Personen) zum anderen um eine Unterfassung der restlichen Altersgruppen (30-59 jährige Personen). Die Gewichtung der Altersvariable nach Geschlecht dient dem Ausgleich von Verzerrung. Sie erfolgte nachträglich (Redressment) und wurde an das Analyse-Sample des Quotenplans angeglichen (Diekmann 2016, S. 427). Hierbei wird der Anteil der Soll-Quote durch den Anteil der Ist-Quote dividiert. Diese Vorgehensweise ist in der Syntax im Anhang nachvollziehbar (Anhang 2: Syntax). Die Ist-Anzahl des Quotenplans enthält 924 Fälle. Aufgrund der Untererfassung der älteren Altersgruppen, wurden zusätzlich höhere Altersklassen als 55-59 jährige Personen mit in das Analyse-Sample mit aufgenommen, weshalb sich die Fallzahl auf 1024 Probanden erhöht.

Die abhängige Variable „Bereitschaft zum Engagement“ wurde dichotomisiert mit den Ausprägungen „Ja“ und „Nein“, die Kategorien „Keine Angabe“, „Nicht beantwortet“ und „System-Missings“ wurden aus dem Datensatz gelöscht (Schnell et al. 2014, S. 12). Die erste unabhängige Variable Geschlecht ist in „weiblich“ und „männlich“ unterteilt. Das Alter wurde in vier Antwortkategorien zusammengefasst. Die Altersgruppen umfassen nun die „18-29 jährigen“, „30-44 jährigen“, „45-59 jährigen“ und „60-80 jährigen“. Die unabhängige Bildungsvariable wurde in drei neue Kategorien unterteilt. Niedrige Bildung umfasst „keinen Schulabschluss“ und „Volks- oder Hauptschule/ Abschluss 8. Klasse“, Mittlere Bildung besteht aus „Mittlere Reife/ Abschluss 10. Klasse (POS) während sich Hohe Bildung aus „Fachhochschulreife“, „Abitur/ Hochschulreife (EOS)“ sowie „Abgeschlossenes Hochschulstudium“ zusammensetzt. Die Fälle aus der Antwortkategorie „Keine Angabe“ wurden aus dem Datensatz entfernt. Die Partnerschafts-Variable ist dichotom in „Ja“ und „Nein“ unterteilt und die Kategorien „Keine Angabe“ sowie „Nicht Beantwortet“ wurden erneut aus dem Datensatz gelöscht. Die fünfte Variable erfragt die Einschätzung der eigenen Freizeit. Die Kategorien sind in „ausreichend“, „nicht ausreichend“ und „Fehlend“ unterteilt. In diesem Fall wurden die Missings nicht gelöscht, da die Anzahl zu groß ist. Aus vier eigenständigen Variablen wurde die letzte verwendete Variable generiert. Diese vier erfragen allesamt das Engagement von Familienmitgliedern und wurden zu einer dichotomen Variable zusammengefasst, die ehrenamtliche Aktivitäten von Vater, Mutter, Geschwistern und weiteren Familienmitgliedern in sich vereint.

Nach dem Löschen einiger Missings enthält der Datensatz 718 Fälle, mit denen die Chi²-Teststatistik sowie die logistische Regression durchgeführt werden kann. Zur Überprüfung der Hypothesen werden die Chi²-Teststatistik, das Zusammenhangsmaß Phi, Cramers V sowie die Logistische Regression genutzt. Die aufgestellten Hypothesen werden mittels der Chi²-Teststatistik überprüft. Dieser Test stellt eine statistische Abhängigkeit bzw. Unabhängigkeit durch die Abweichung der erwarteten und beobachteten Häufigkeiten fest (Kuckartz et al. 2013, S. 92). Damit ist es möglich, aus der Beobachtung Rückschlüsse auf die gesamte Bevölkerung zu ziehen. Vor der Durchführung des Chi²-Tests wird der Wert des Signifikanzniveaus bestimmt. Er gibt an, ob die Arbeitshypothese bestätigt oder widerlegt werden kann (Kuckartz et al. 2013, 95 ff.). Für die Berechnung des Chi²-Tests ist folgende Formel notwendig:

$$X^2 = \sum_{i=1} \sum_{j=1} \frac{\left(n_{ij} - e_{ij}\right)^2}{e_{ij}}$$

Bei diesem Test werden summiert im Zähler die beobachtete Anzahl mit der erwarteten Anzahl subtrahiert und danach quadriert. Im Nenner des Bruchs steht die jeweilige erwartete Häufigkeit für die einzelnen Spalten. Bei einem Signifikanzniveau von p kleiner gleich 0,01 kann der Test als signifikant eingestuft werden (Kuckartz et al. 2013, S. 94). Darauf aufbauend kann man die Stärke des Zusammenhangs mittels des Koeffizienten Phi ermitteln.

Der Koeffizient Phi basiert auf dem Wert des Chi²-Tests und ist für Variablen ab dem nominalen Skalenniveau angemessen. Für die Berechnung wird folgende Formel verwendet:

$$\varphi = \sqrt{\frac{X^2}{n}}$$

Hierfür wird der Wert des Chi²-Tests durch die Gesamtfallzahl dividiert. Abschließend wird von diesem Ergebnis die Wurzel gezogen. Der Wertebereich dieses Koeffizienten liegt zwischen -1 und 1. Je näher der Wert an -1 bzw. 1 liegt, desto stärker ist der Zusammenhang und je näher er zu 0 tendiert, umso schwächer kann der Zusammenhang eingestuft werden. Dieser Koeffizient gilt allerdings nur für zwei Variablen einer Vierfeldertabelle (Rasch et al. 2010, S. 197; Diekmann 2016, S. 690). Bei Variablen mit mehr als zwei Ausprägungen wird der Kontingenzkoeffizient Cramers V verwendet, um die Stärke des Zusammenhangs zu messen. Dieser Koeffizient gilt für nominalskalierte Variablen mit mindestens zwei Ausprägungen und wird folgendermaßen berechnet:

$$V = \sqrt{\frac{X^2}{n * \min(I-1, J-1)}}$$

Hierbei wird der Wert des Chi²-Tests durch das Produkt der Gesamtanzahl der Fälle (n) und dem Minimum der Zeilen- (I) und Spaltenanzahl (J) abzüglich 1 dividiert. Anschließend wird von diesem Ergebnis die Quadratwurzel gezogen. Der Wertebereich liegt zwischen 0 und 1 (Rasch et al. 2010, S. 194).

Die Logistische Regression (auch Logit-Modell genannt) ist eine Regressionsanalyse, mit der die Verteilung der diskreten abhängigen Variablen modelliert wird. In der hier verwendeten empirischen Analyse ist die abhängige Variable dichotomisiert und daher handelt es sich um eine binomiale logistische Regression. Das Skalenniveau der unabhängigen Variablen kann beliebig sein. Da mittels der klassischen linearen Regressionsanalyse keine Einflüsse auf diskrete Variablen untersucht werden können und wesentliche Voraussetzungen, wie die Normalverteilung der Residuen sowie Homoskedastizität nicht gegeben sind, wurde das Modell der logistischen Regression entwickelt (Backhaus et al. 2016, S. 18). Grundlage der logistischen Regression ist das Quoten- und Chancenverhältnis (Odds Ratio). Hierfür wird die Chance der Auswahlgruppe durch die Chance der Referenzgruppe dividiert. Damit wird die Chance bzw. das Risiko, dass ein Ereignis einer speziellen Gruppe eintritt, mit einer vorher festgelegten Referenzgruppe verglichen.

$$Odds\ Ratio = \frac{p_i}{1 - p_i}$$

Ist das Ergebnis des Zusammenhangsmaßes Odds Ratio kleiner als eins, so hat die Auswahlgruppe eine geringere Chance bzw. niedrigeres Risiko als die Referenzgruppe. Bei einem Ergebnis mit dem Wert eins besitzt die Auswahlgruppe die gleiche Chance wie die Referenzgruppe. Eine höhere Chance als die Referenzgruppe hat die Auswahlgruppe, wenn der Wert des Odds Ratio größer als eins ist. Des Weiteren gilt es, die Signifikanz des Unterschiedes zu beachten. Sofern diese kleiner als 0,01 ist, ist der Unterschied von der Auswahlgruppe zur Referenzgruppe signifikant (Backhaus et al. 2016, S. 295). Die Formel für die logistische Regression für den Zwei-Variablen-Fall lautet:

$$p_i = \frac{1}{1 + e^{-(a + b * x_i)}}$$

Die Regressionskoeffizienten (a und b) bezeichnet man als „Logit-Koeffizienten“. Sie werden mit dem Maximum des Odds Ratio unter der Verwendung der Stichprobendaten geschätzt. Die Regressionskoeffizienten müssen hierfür so geschätzt werden, dass die Wahrscheinlichkeit des Auftretens der Daten maximal ist (Diaz-Bone und Künemund 2003, S. 5).

IV. EMPIRISCHE ANALYSE

Im Folgenden werden die verschiedenen Einflüsse in Bezug auf die Bereitschaft zum freiwilligen Ehrenamt vorgestellt und konkrete Anknüpfungspunkte für die Weiterentwicklung der Forschung in diesem Themengebiet herausgearbeitet. Die empirische Analyse gliedert sich in deskriptive, bivariate und logistische Auswertungsformen.

4.1 DESKRIPTIVE AUSWERTUNG:

Variable	Ausprägung	N	%
Bereitschaft zum Engagement	Ja	513	71,4
	Nein	205	28,6
Geschlecht	Weiblich	363	50,6
	Männlich	355	49,4
Alter	18 - 29 Jahre	192	26,7
	30 - 44 Jahre	222	30,9
	45 - 59 Jahre	270	37,5
	60 - 80 Jahre	35	4,9
Bildung	Niedrige Bildung	31	4,3
	Mittlere Bildung	235	32,8
	Hohe Bildung	452	62,9
Partnerschaft	Ja	546	76
	Nein	172	24
Freizeit	ausreichend	324	50,9
	nicht ausreichend	366	45,1
	Fehlend	28	3,9
Engagement von Familienangehörigen	Ja	399	55,5
	Nein	319	44,5
Gesamt		718	100

ABBILDUNG 2: DESKRIPTIVE STATISTIK
QUELLE: GE 2016, GEWICHTET (EIGENE BERECHNUNGEN)

In dieser Graphik lassen sich die unterschiedlichen Fallzahlen der Ausprägungen der Variablen nachvollziehen. Die Gesamtanzahl beträgt 718. Die Fälle in der abhängigen Variable „Bereitschaft zum Ehrenamt" sind ungleich verteilt, da deutlich mehr Personen dazu bereit sind, sich ehrenamtlich zu engagieren. Etwa 71 Prozent der Befragten geben an, dass sie bereit wären, sich freiwillig zu engagieren, wohingegen etwa 29 Prozent das verneinen. Von den 718 Personen, die die abhängige Variable Bereitschaft zum Ehrenamt beantwortet haben, sind 50,6 Prozent der Probanden weiblich und 49,4 Prozent männlich. Zum Zeitpunkt der Erhebung befinden sich etwa 27 Prozent in der Altersgruppe der 18- 29 jährigen, etwa 31 Prozent sind zwischen 30 und 44 Jahre alt, etwa 37 Prozent geben ihr Alter zwischen 45 und 59 Jahren an und etwa 5 Prozent gehören zu den 60 – 80 jährigen. 4,3 Prozent der befragten Personen haben eine niedrige Bildung und 32,8 Prozent geben an, einen mittleren Bildungsabschluss zu besitzen. Von den 718 Befragten haben etwa 63 Prozent einen hohen Bildungsabschluss erlangt. Die Angaben zu einer Partnerschaft ergeben eine ungleiche Verteilung. Etwa drei Viertel der Befragten geben an, sich in einer festen Partnerschaft zu befinden. Lediglich 24 Prozent haben keinen festen Partner. Ein anderes Bild zeigt sich in Bezug auf die Freizeit, denn von den 718 Befragten geben etwa 51 Prozent an, dass sie ihre Freizeit als ausreichend bewerten würden. Etwa 43 Prozent empfinden ihre Freizeit als nicht ausreichend. Lediglich 4 Prozent haben eine Antwort auf diese Frage verweigert, weshalb sie in der Kategorie „Fehlend" geführt werden. Von den befragten Personen sind etwa 55 Prozent der Familienmitglieder bereits ehrenamtlich aktiv. Circa 45 Prozent der Familienmitglieder der Befragten engagieren sich nicht ehrenamtlich.

4.2 BIVARIATE ZUSAMMENHÄNGE:

Im Folgenden werden die verschiedenen Einflüsse in Bezug auf die Bereitschaft zum Ehrenamt vorgestellt, die mittels des Chi²-Tests überprüft wurden.

Bereitschaft zum Ehrenamt							
		Ja	Nein		p	Korrelations-koeffizient	Zusammenhangsmaß Phi/ Cramers V
Geschlecht	Weiblich	76,00%	24,00%	100%	0,006	7,565	0,103
	Männlich	66,80%	33,20%	100%			
Alter	18 - 29 Jahre	83,30%	16,70%	100%	0,001	19,583	0,165
	30 - 44 Jahre	69,40%	30,60%	100%			
	45 - 59 Jahre	65,60%	34,40%	100%			
	60 - 80 Jahre	62,90%	37,10%	100%			
Bildung	Niedrig	45,20%	54,80%	100%	< 0,001	41,520	0,240
	Mittel	59,30%	40,70%	100%			
	Hoch	79,40%	20,60%	100%			
Partnerschaft	Ja	68,50%	31,50%	100%	0,002	9,725	-0,116
	Nein	80,80%	19,20%	100%			
Freizeit	ausreichend	67,30%	32,70%	100%	0,057	5,720	0,089
	nicht ausreichend	74,20%	25,80%	100%			
	Fehlend	82,10%	17,90%	100%			
Engagement von Familienmitgliedern	Ja	67,90%	32,10%	100%	0,019	5,482	-0,087
	Nein	75,90%	24,10%	100%			

ABBILDUNG 3: BIVARIATE STATISTIK

QUELLE: GE 2016, GEWICHTET (EIGENE BERECHNUNGEN)

H1: Zwischen der Bereitschaft zum Ehrenamt und den beiden Geschlechtern besteht ein höchst signifikanter Zusammenhang. Dessen Stärke wurde mittels des Assoziationsmaßes Phi berechnet und zeigt, dass es sich hierbei um einen schwachen Zusammenhang handelt.

H2: Laut den Ergebnissen des Chi²-Tests existiert ein äußerst signifikanter Zusammenhang zwischen der Bereitschaft zu ehrenamtlichem Engagement und dem Alter. Die Stärke des

Zusammenhangs wurde mithilfe des Zusammenhangsmaßes Cramers V ermittelt und besagt, dass es sich um einen schwachen, aber signifikanten Zusammenhang handelt.
H3: Zwischen der Bereitwilligkeit sich freiwillig zu engagieren und der Höhe des Bildungsgrades gibt es einen statistisch höchst signifikanten Zusammenhang. Dem Zusammenhangsmaß Cramers V zufolge, ist die Stärke des Zusammenhangs als mittel, bei einem Signifikanzniveau kleiner gleich 0,001, einzustufen.
H4: Der Chi^2-Test zeigt, dass zwischen der Bereitschaft zum Ehrenamt und der Partnerschaftsvariable ein starker signifikanter Zusammenhang besteht. Mittels des Assoziationsmaßes Phi lässt sich beweisen, dass die Stärke dieses Zusammenhangs als schwach bewertet werden kann.
H5: Laut dem Ergebnis des Chi^2-Tests besteht ein schwacher Zusammenhang zwischen der Bereitschaft sich freiwillig zu engagieren und der Einschätzung der Freizeit. Das Zusammenhangsmaß Cramers V gibt an, dass es sich um einen schwachen und gering signifikanten Zusammenhang handelt.
H6: Einen signifikanten Zusammenhang gibt es zwischen der Bereitschaft zum Ehrenamt und dem Engagement der Familienmitglieder. Bei einer Irrtumswahrscheinlichkeit von 0,019 sind Personen mit einem ehrenamtlich aktiven Umfeld eher bereit sich zu engagieren, als Personen ohne freiwillig engagierte Verwandte. Das Zusammenhangsmaß Phi zeigt, dass dieser Zusammenhang von schwacher Art ist.

4.3 LOGISTISCHE REGRESSION:

Die folgende Tabelle stellt die logistische Regression dar. Bei der Interpretation wird nur das sechste Modell interpretiert, da in diesem alle Variablen kontrolliert betrachtet werden können.

		Modell 1		Modell 2		Modell 3		Modell 4		Modell 5		Modell 6	
		OR	p	OR	p	OR	p	OR	p	OR	p	**OR**	**p**
Geschlecht	Frauen	1		1		1		1		1		**1**	
	Männer	1,566	0,007	1,546	0,010	1,419	0,044	1,460	0,030	1,426	0,043	**1,475**	**0,028**
Alter	18 - 29 Jahre			0,382	<0,001	0,544	0,014	0,629	0,069	0,653	0,097	**0,620**	**0,066**
	30 - 44 Jahre			0,839	0,367	1,034	0,871	1,039	0,853	1,064	0,762	**0,996**	**0,984**
	45 - 59 Jahre			1		1		1		1		**1**	
	60 - 80 Jahre			1,186	0,650	1,043	0,915	1,105	0,801	1,197	0,657	**1,224**	**0,619**
Bildung	Niedrig					3,663	0,001	3,629	0,001	3,523	0,002	**3,666**	**0,001**
	Mittel					2,251	<0,001	2,305	<0,001	2,332	<0,001	**2,160**	**<0,001**
	Hoch					1		1		1		**1**	
Partnerschaft	Ja							1,000		1,000		**1,000**	
	Nein							0,589	0,020	0,605	0,028	**0,581**	**0,019**
Freizeit	nicht ausreichend									1,241	0,229	**1,250**	**0,216**
	ausreichend									1		**1**	
	Fehlend									0,593	0,336	**0,603**	**0,355**
Engagement von Familien-mitgliedern	Ja											**1**	
	Nein											**0,649**	**0,018**
Konstante		0,317	<0,001	0,416	<0,001	0,263	<0,001	0,277	<0,001	0,250	<0,001	0,313	<0,001
N		718		718		718		718		718		718	
Chi²/ Signifikanz		7,305	0,007	27,990	<0,001	52,168	<0,001	57,828	<0,001	60,807	<0,001	66,481	<0,001
Nagelkerke R²		0,015		0,055		0,100		0,111		0,116		0,127	

ABBILDUNG 4: LOGISTISCHE REGRESSION
QUELLE: GE 2016, GEWICHTET (EIGENE BERECHNUNGEN)

Im Vergleich zu Frauen haben Männer eine 1,475 –fache Chance für die Bereitschaft, sich ehrenamtlich zu engagieren. Dieser Unterschied ist signifikant. Die Altersgruppe der 60-80 jährigen hat eine 1,224 –fache Chance dafür bereit zu sein, sich freiwillig zu engagieren. Dieser Unterschied ist jedoch nicht signifikant. Dagegen hat die Altersklasse der 18-29 jährigen eine 38 prozentige Chance für die Bereitschaft zum Ehrenamt im Vergleich zur Referenzkategorie der 45-59-jährigen Befragten. Dieser Unterschied ist schwach signifikant. Die Alterskategorie der 30-44-jährigen hat eine 0,4 prozentige Chance, wobei dies nicht signifikant ist. Personen mit einem mittleren Bildungsniveau haben eine 2,1 –fache Chance für die Bereitschaft zum freiwilligen Engagement im Vergleich zur Referenzgruppe der hoch gebildeten Personen. Die Gruppe der niedrig gebildeten Befragten hat eine 3,6 –fache Chance dafür. Beide Unterschiede sind stark signifikant. Die Befragten, die sich in keiner Partnerschaft befinden, haben in etwa eine 42 prozentige Chance für die Bereitwilligkeit zu einem freiwilligen Engagement im Vergleich zur Referenzgruppe der Personen mit festem Partner. Dieser Unterschied ist signifikant auf einem 1%-Niveau. Im Vergleich zu den Personen, die ihre Freizeit als ausreichend einstufen, haben die Befragten mit nicht ausreichender Freizeit eine 1,25 –fache Chance dafür bereit zu sein, sich bürgerschaftlich zu engagieren. Ebenso verhält es sich mit der Antwortkategorie „Fehlend". Diese hat circa eine 40 prozentige Chance dafür bereit zu sein, sich ehrenamtlich zu engagieren. Die beiden Unterschiede sind nicht signifikant. Im Vergleich zu Personen, deren Familienmitglieder bereits ein Ehrenamt ausüben, haben die Personen ohne ein ehrenamtlich aktives soziales Umfeld eine 35,1 prozentige Chance für die Bereitwilligkeit sich freiwillig zu engagieren. Dieser Unterschied ist statistisch höchst signifikant. Abschließend soll das Maß Nagelkerke R^2 interpretiert werden. Es sagt aus, dass 12,7 % der Variabilität durch das sechste, logistische Modell erklärt werden können.

V. DISKUSSION UND AUSBLICK

Die Auswertung der Daten ergibt, dass Männer eher dazu bereit sind sich ehrenamtlich zu engagieren als Frauen. Dies wird sowohl durch den Chi²-Test als auch durch das sechste Modell der Logistischen Regression belegt. Demnach kann die aufgestellte Hypothese bestätigt werden. Nach dem Forschungsstand und der zweiten aufgestellten Hypothese sind ältere Personen eher dazu bereit sich freiwillig für ehrenamtliche Tätigkeiten einzusetzen als jüngere. Die empirische Analyse zeigt, dass ältere Personen zwar eine höhere Chance dafür haben. Jedoch ist das Ergebnis nicht signifikant. Die Altersgruppen der 30-44 und 45-49 jährigen Personen haben eine höhere und signifikante Chance für die Bereitschaft zum Ehrenamt. Der Chi²-Test offenbart einen Zusammenhang zwischen der Bereitschaft zum Ehrenamt und der höheren Altersgruppe, wohingegen die Logistische Regression signifikante Ergebnisse für die mittleren Altersgruppen ausgibt. Bei der Überprüfung der dritten Arbeitshypothese mittels Chi²-Tests ist ein starker, signifikanter Zusammenhang zwischen der Bereitschaft zum Engagement und der Höhe des Bildungsniveaus feststellbar. Den Ergebnissen der logistischen Regression zu Folge haben Personen mit niedrigem und mittlerem Bildungsstand eine höhere Chance für die Bereitwilligkeit ehrenamtliche Tätigkeiten zu übernehmen als höher gebildete Menschen. Die Auswertung der Ergebnisse der vierten Hypothese ergibt ebenfalls ein durchwachsenes Bild. Der Chi²-Test bestätigt einen Zusammenhang zwischen der Bereitschaft zum Ehrenamt und alleinstehenden Personen. Das sechste Modell der Logistischen Regression offenbart ebenfalls, dass Singles eine höhere Chance haben, sich ehrenamtlich zu engagieren als Personen mit festem Partner. Die Untersuchung des Einflusses zwischen der Bereitschaft und der Einschätzung der Freizeit ergibt keinen signifikanten Zusammenhang. Sowohl der Chi²-Test, als auch die Ergebnisse der Logistischen Regression sind nicht signifikant. Der Chi²-Test zeigt, dass Personen, deren Familienmitglieder bereits ehrenamtlich aktiv sind, eher dazu bereit sind sich ehrenamtlich zu engagieren als Personen, deren Umfeld nicht freiwillig engagiert ist. Im sechsten Modell der logistischen Regression haben Personen, deren Umfeld nicht engagiert ist, eine höhere Chance für die Bereitschaft zum Ehrenamt, als Personen mit einem engagierten sozialen Umfeld.

Die vorliegende Analyse hat das Ziel, verschiedene Einflüsse auf die Bereitschaft zum Ehrenamt zu untersuchen. Dazu wurde die Frage nach der Bereitwilligkeit, sich zukünftig ehrenamtlich zu engagieren, herangezogen. Während in der bisherigen Forschung zum Ehrenamt das Thema der Bereitschaft nur nebensächlich bearbeitet wurde, liegt das Augenmerk dieser Analyse auf den verschiedenen fördernden oder hemmenden Faktoren. Bezugnehmend auf die, im Theorieteil der Hausarbeit aufgestellten Arbeitshypothesen, konnten einige bestätigt aber auch widerlegt werden. Wie bereits die Studie von Bettina Hollstein belegte, kann die Hypothese, dass Männer eher bereit sind sich ehrenamtlich zu engagieren als Frauen, bestätigt werden. Die Hypothese, dass ältere Personen eher bereit sind sich zu engagieren als jüngere kann ebenfalls bestätigt werden, da die Ergebnisse des Chi²-Tests einen schwachen, aber signifikanten Zusammenhang aufweisen. Im sechsten Modell der logistischen Regression sind die Ergebnisse nicht signifikant. Der dritten, aufgestellten Hypothese zufolge, sind Personen mit hohem Bildungsniveau eher bereit sich zu engagieren als Personen mit niedrigerem Bildungsniveau. Die Studie von Bettina Hollstein kann, durch das Ergebnis des Chi²-Tests, bestätigt werden. Die vierte Hypothese kann, den Ergebnissen des Chi²-Tests und des sechsten Modells der logistischen Regression zufolge, bestätigt werden. Die fünfte Hypothese, welche besagt, dass Menschen mit ausreichender Freizeit eher bereit sich zu engagieren als Personen mit nicht ausreichender Freizeit, wird durch die bivariate Auswertung und den Ergebnissen des sechsten Modells der logistischen Regression widerlegt. Die sechste Hypothese wird durch das signifikante Ergebnis des Chi²-Tests bestätigt. Demnach besteht ein Zusammenhang zwischen der Engagement-Bereitschaft und dem Engagement von Familienmitgliedern.

Im Sample dieses Datensatzes sind etwa 71 Prozent der Befragten bereit, sich ehrenamtlich zu engagieren. Gegensätzlich dazu erklären sich etwa 29 Prozent nicht daran interessiert. Der Fragebogen wurde von den Studierenden aus dem Modul „Quantitatives Forschungspraktikum: Teil I" der Universität Rostock erstellt. Der Fragbogen weist jedoch ein paar Schwächen auf, da einige Themenfelder nur durch wenige Fragen abgedeckt sind. Des Weiteren sind einige Fragen ungenau gestellt und gerade bei den Einstellungsfragen (Bsp.: Erfragen der finanziellen Situation) gibt es viele Ausfälle aufgrund der Sensibilität. Die Erhebung der Daten erfolgte über das Versenden eines Links und nur ein geringer Anteil wurde über persönliche Interviews erhoben. Daher war eine Eliminierung der Störfaktoren kaum möglich, da die Probanden den Fragebogen meist alleine ausgefüllt haben und die Gesamtsituation nicht kontrolliert werden konnte (Schnell et al. 2014, S. 209). Methodische und inhaltliche Probleme lassen sich meist schwer trennen, da die Reaktion auf den Messvorgang auch Einfluss auf die inhaltliche Beantwortung hat (Schnell et al. 2014, S. 345).

In einigen Variablen waren Ausfälle vorzufinden („Non-Response-Problem"). Sie sind bedingt durch Personen, die die Befragung verweigern. Im Falle dieses Datensatzes sind keine Untersuchungseinheiten vollständig ausgefallen, jedoch fehlen für einige Variablen die jeweiligen Fälle. Dieser Vorgang wird als „Item-Nonresponse" bezeichnet (Schnell et al. 2014, S. 298). Bei einem Ausfall von kleiner gleich neun Fällen werden diese aus dem Datensatz gelöscht. Ist die Fallanzahl allerdings größer, wird eine eigene Kategorie für die fehlenden Fälle erstellt. Dieses Problem trifft vor allem auf die Variablen Bildung, Partnerschaft und Freizeit zu. Im Falle der Bildungs- und Partnerschaftsvariablen lässt sich die Verweigerung darauf zurückführen, dass die Fragen für die Befragten zu persönlich sind und damit ein Tabuthema berühren. Ein weiterer Begründungsansatz für den Ausfall bei der Bildungsvariable ist die soziale Erwünschtheit, da sich die Befragten durch eine Erfragung des Bildungsniveaus mittels eines von Studenten generierten Fragebogens gegebenenfalls den vermuteten Erwartungen anpassen oder die Antwort auf diese Frage komplett verweigern (Schnell et al. 2014, S. 347). Ebenso lässt sich der hohe Ausfall bei der Nachfrage nach dem Freizeitempfinden erklären. Hierbei kann es sich um eine gewisse Meinungslosigkeit handeln, da die Einschätzung von Freizeit rein subjektiv ist und die Befragten der Einschätzung durch Verweigerung entgehen konnten (Schnell et al. 2014, S. 347).

Die für die empirische Analyse erhobenen Daten sind durch das Erhebungsverfahren stark verzerrt. Weil die Erhebung von Studenten durchgeführt wurde, haben viele Befragte die soziodemographischen Merkmale von Studierenden, weshalb das Gütekriterium der Repräsentativität nicht erfüllt ist (Diekmann 2016, S. 430). Beispielsweise ist kein Zusammenhang zwischen Einkommen und Bildung feststellbar, da Studierende zwar ein hohes Bildungsniveau haben, jedoch meist ein geringes Einkommen. Dies lässt sich auf die Art der Datenerhebung zurückführen, weil die Befragten innerhalb des Quota-Verfahrens nicht zufällig ausgewählt wurden, sondern aus dem Familien,- Freundes,- und Bekanntenkreis des jeweiligen Studierenden. Aufgrund der verzerrten Grundgesamtheit war es ebenso notwendig, die Altersgruppen zu gewichten. Dies wurde im Nachhinein mittels „Redressment"-Verfahren durchgeführt, sodass die erhobenen Daten mit den Angaben der amtlichen Statistik übereinstimmen (Diekmann 2016, S. 427). In diesem Fall spielt auch die Art der Erhebung eine Rolle, da der Link zum Fragebogen überwiegend über soziale Medien versendet wurde. Deshalb sind auch die jüngeren Altersgruppen überrepräsentiert, was auf das soziale Umfeld der

Interviewer und der typischen Nutzergruppe von sozialen Medien zurückzuführen ist. Somit konnten Teilpopulationen, wie ältere, kranke oder behinderte Personen für die Befragung kaum erreicht werden (Schnell et al. 2014, 376 f.).

In den erhobenen Daten befinden sich weitere interessante Variablen, die in diesem Zusammenhang noch zu untersuchen wären. So konnten die Themenbereiche Gesundheit, Arbeitslosigkeit und Erwerbstätigkeit nicht im Zusammenhang mit der Bereitschaft zum Ehrenamt ausgewertet werden. Da die Forschung im Bereich der Bereitwilligkeit zum Engagement meist nur nebensächlich bearbeitet wird und eigentlich ein hohes Potential für die Aussagekraft von Zukunftsprognosen im Ehrenamt aufweist, ist es notwendig, diesen Themenbereich weiter zu beleuchten. Der mangelnde Fokus auf diesem Themenbereich spiegelt sich auch in der Literatur wider. Die Bereitschaft zum Ehrenamt wird zwar in einigen Forschungen mit aufgegriffen, jedoch sind die Ergebnisse sehr allgemein gehalten und beziehen meist keine Gründe und Zusammenhänge mit ein. Die meisten Studien erforschen die Bereitschaft nur in Zusammenhang mit einem früheren Engagement. Gerade für eine zukünftige Forschung im Bereich der Bereitschaft zum Ehrenamt wäre eine Differenzierung zwischen „Früher engagiert“ und „Noch nie engagiert“ interessant, da sich daraus wertvolle Erkenntnisse ableiten lassen können. Bei jenen Menschen, die bereits engagiert waren und ihr Ehrenamt aufgegeben haben, jedoch zu einem neuen Engagement bereit wären, sind vor allem die Gründe für das Aufgeben informativ. Diese lassen sich in individuelle (z.B. persönliche Interessen) und organisatorische Gründe (z.B. Interessensverlust am Ehrenamt) unterteilen (Gensicke et al. 2006, 68 ff.). Wie bereits die Ergebnisse dieser empirischen Analyse zeigen, spielt das familiäre Umfeld eine bedeutende Rolle für deren Bereitwilligkeit, sich ehrenamtlich zu engagieren. Für weitere Forschung in diesem Bereich wäre es sinnvoll, die Dynamik aus dem sozialen Umfeld zu untersuchen, wie beispielsweise, ob es einen Zusammenhang zwischen der Bereitschaft zum Ehrenamt und einem sozialen Umfeld gibt, in welchem die Mehrheit von Familie, Freunden und Bekannten, ihr Ehrenamt aufgegeben haben. Außerdem könnte man überprüfen, ob persönliche Umbrüche wie Scheidung, Tod oder Familiengründung einen Einfluss auf die Bereitschaft zum Engagement haben.

Aus der Erforschung der „Bereitschaft zum Ehrenamt“ und „noch nie engagierter Personen“ lassen sich informative Erkenntnisse ableiten. Diese sind gerade für Beratungsstellen und Engagementbereiche mit Nachwuchsproblemen relevant, da diese damit gezielter auf Personen zugehen können, die dazu bereit wären sich freiwillig zu engagieren, jedoch noch keinen Zugang dazu gefunden haben (Wenzel et al. 2015, S. 25). Freiwilliges Ehrenamt prägt das Leben vieler Menschen auf unterschiedliche Art und Weise. Man engagiert sich aus den verschiedensten Motiven und Motivationen, hilft dabei gegebenenfalls anderen Menschen und kann durchaus einen persönlichen Nutzen aus dem Ehrenamt ziehen. Alles in allem hat das freiwillige Engagement einen Vorteil für die Allgemeinheit (Olk et al. 2010, 21 f.). Aus diesem Grund ist eine institutionelle Förderung auf verschiedensten Ebenen zu verzeichnen. Unterschiedliche Engagementbereiche werden zum einen auf nationaler Ebene gefördert, zum anderen sind auch auf Landesebene Förderungsbekanntmachungen vorzufinden (BMFSFJ 2016; Bayerisches Staatsministerium für Arbeit und Soziales, Familie und Integration 2016). Diese gezielte Förderung lässt darauf schließen, das es notwendig ist, das bürgerschaftliche Engagement zu steigern. Deshalb ist es gerade so wichtig die Bereitschaft zum Ehrenamt zu erforschen, da diese ausschlaggebend für das erstmalige Übernehmen eines freiwilligen Engagements ist. Förderung von Ehrenamt soll einerseits benachteiligten Menschen eine Teilhabe am gesellschaftlichen und kulturellen Leben ermöglichen (Olk et al. 2010, S. 43). Andererseits kann eine Förderung auch Engagementbereiche beleben, die mit Rekrutierungsschwierigkeiten zu kämpfen haben (Schürmann 2013, S. 61; Priller et al. 2009, S. 15). Alles in allem ist freiwilliges Ehrenamt in fast jedem Teilbereich der Gesellschaft vorzufinden und greift Behörden oder Unternehmen bei Versagen unterstützend unter die Arme. Viele gesellschaftliche Bereiche sind auf ehrenamtliche Unterstützung angewiesen, weshalb auch der Staat dies entsprechend fördert (Olk et al. 2010, S. 11).

VI. LITERATURVERZEICHNIS

Adams, Christian (2010): Der große Brockhaus in einem Band. 4. Auflage. Gütersloh: Brockhaus.

Backhaus, Klaus; Erichson, Bernd; Plinke, Wulff; Weiber, Rolf (2016): Multivariate Analysemethoden. Eine anwendungsorientierte Einführung. 14., überarbeitete und aktualisierte Auflage. Berlin, Heidelberg: Springer Gabler. Online verfügbar unter http://dx.doi.org/10.1007/978-3-662-46076-4.

Bayerisches Staatsministerium für Arbeit und Soziales, Familie und Integration (2016): Förderung des ehrenamtlichen Engagements in der Erziehungshilfe. Hg. v. Bundesministerium für Wirtschaft und Energie. Online verfügbar unter http://www.foerderdatenbank.de/Foerder-DB/Navigation/Foerderrecherche/suche.html?get=91f59f2484d446fd538289e988390771;views;document&doc=13263, zuletzt geprüft am 16.03.2017.

BMFSFJ (2016): Engagementstrategie BMFSFJ. Strategische Ausrichtung der Engagementpolitik. Hg. v. BMFSFJ. Berlin.

Diaz-Bone, Rainer; Künemund, Harald (2003): Einführung in die binäre logistische Regression. Mitteilungen aus dem Schwerpunktbereich Methodenlehre. Freie Universität Berlin, Berlin. Institut für Soziologie.

Diekmann, Andreas (2016): Empirische Sozialforschung. Grundlagen, Methoden, Anwendungen. 10. Auflage. Reinbek bei Hamburg: Rowohlt Taschenbuch Verlag.

Feiler, Victor (2016): Funktionslogiken organisierten freiwilligen Engagements. Eine Studie über das Kolpingwerk Deutschland. Wiesbaden: Springer VS (Bürgergesellschaft und Demokratie).

Gensicke, Thomas; Geiss, Sabine; Picot, Sibylle (2006): Freiwilliges Engagement in Deutschland 1999-2004. Ergebnisse der repräsentativen Trenderhebung zu Ehrenamt, Freiwilligenarbeit und bürgerschaftlichem Engagement. Wiesbaden: VS Verlag für Sozialwissenschaften. Online verfügbar unter http://dx.doi.org/10.1007/978-3-531-90043-8.

Hans Böckler Stiftung (2002): Bürgerschaftliches Engagement und Erwerbsarbeit. Wiesbaden: VS Verlag für Sozialwissenschaften (Enquete-Kommission „Zukunft des Bürgerschaftlichen Engagements" des 14. Deutschen Bundestages, 9). Online verfügbar unter http://dx.doi.org/10.1007/978-3-663-09464-7.

Häring, Armando (Hg.) (2014): Der Partnermarkt und die Gelegenheiten des Kennenlernens. Der Partnermarktsurvey. Wiesbaden: Springer VS.

Hollstein, Bettina (2015): Ehrenamt verstehen. Eine handlungstheoretische Analyse. Frankfurt am Main: Campus Verlag. Online verfügbar unter http://gbv.eblib.com/patron/FullRecord.aspx?p=4718832.

Hondrich, Karl Otto; Schumacher, Jürgen; Arzberger, Klaus; Schlie, Frank; Stegbauer, Christian (1988): Krise der Leistungsgesellschaft? Empirische Analysen zum Engagement in Arbeit, Familie und Politik. Wiesbaden: VS Verlag für Sozialwissenschaften. Online verfügbar unter http://dx.doi.org/10.1007/978-3-322-83716-5.

Kohli, Martin; Freter, Hans-Jürgen; Langehennig, Manfred; Roth, Silke; Simoneit, Gerhard; Tregel, Stephan (1993): Engagement im Ruhestand. Rentner zwischen Erwerb, Ehrenamt und Hobby. Wiesbaden: VS Verlag für Sozialwissenschaften (Biographie & Gesellschaft, 11). Online verfügbar unter http://dx.doi.org/10.1007/978-3-322-93735-3.

Kubisch, Sonja (2016): Erfahrungswissen in der Zivilgesellschaft. Eine rekonstruktive Studie zum nachberuflichen Engagement. Wiesbaden: Springer VS (Research). Online verfügbar unter http://lib.myilibrary.com/detail.asp?id=878624.

Kuckartz, Udo; Rädiker, Stefan; Ebert, Thomas; Schehl, Julia (2013): Statistik. Wiesbaden: VS Verlag für Sozialwissenschaften.

Olk, Thomas; Klein, Ansgar; Hartnuß, Birger (Hg.) (2010): Engagementpolitik. Die Entwicklung der Zivilgesellschaft als politische Aufgabe. Wiesbaden: VS Verl. für Sozialwiss. Online verfügbar unter http://www.ekd.de/download/zahlen_und_fakten_2015.pdf.

Priller, Eckhard; Alscher, Mareike; Dathe, Dietmar; Speth, Rudolf (2009): Bericht zur Lage und zu den Perspektiven des bürgerlichen Engagements in Deutschland. Hg. v. BMFSFJ. Berlin.

Rasch, Björn; Friese, Malte; Hofmann, Wilhelm; Naumann, Ewald (2010): Quantitative Methoden 2. Einführung in die Statistik für Psychologen und Sozialwissenschaftler. 3. Auflage. Berlin: Springer (Quantitative Methoden, Einführung in die Statistik für Psychologen und Sozialwissenschaftler ; Bd. 2).

Schnell, Rainer; Hill, Paul B.; Esser, Elke (2014): Methoden der empirischen Sozialforschung. 10. Auflage. München: Oldenbourg Verlag.

Schürmann, Lisa Katrin (2013): Motivation und Anerkennung im freiwilligen Engagement. Kampagnen und ihre Umsetzung in Internet und Social Media. Teilw. zugl.: Erlangen-Nürnberg, Univ., Masterthesis, 2012. Wiesbaden: Springer VS. Online verfügbar unter http://www.socialnet.de/rezensionen/isbn.php?isbn=978-3-658-01752-1.

Tesch-Römer, Clemens; Simonson, Julia; Vogel, Claudia (2016): Freiwilliges Enagement in Deutschland. Zentrale Ergebnisse des Deutschen Freiwilligensurveys 2014. Hg. v. Clemens Tesch-Römer. BMFSFJ. Berlin. Online verfügbar unter http://www.bmfsfj.de/BMFSFJ/Service/publikationen,did=224188.html, zuletzt aktualisiert am 14.04.2016, zuletzt geprüft am 23.03.2017.

Wehner, Theo; Güntert, Stefan T. (Hg.) (2015): Psychologie der Freiwilligenarbeit. Motivation, Gestaltung und Organisation. Berlin: Springer. Online verfügbar unter http://search.ebscohost.com/login.aspx?direct=true&scope=site&db=nlebk&AN=976883.

Wenzel, David; Beerlage, Irmtraud; Springer, Silke (2015): Motivation und Haltekraft im Ehrenamt. Die Bedeutung von Organisationsmerkmalen für Engagement, Wohlbefinden und Verbleib in Freiwilliger Feuerwehr und THW. Freiburg: Centaurus Verlag Media (Soziologische Studien, v.39). Online verfügbar unter http://gbv.eblib.com/patron/FullRecord.aspx?p=4442158.

VII. ANHANG

Anhang 1: Anschreiben

Fragebogen zum Thema Freiwilliges Engagement/Nicht-Engagement

Sehr geehrte Damen, sehr geehrte Herren,

zunächst möchten wir uns für Ihre Teilnahme an diesem Forschungsprojekt bedanken. Die Studie dieses Forschungsprojekts hat den Schwerpunkt "Freiwilliges Engagement" und wird von Studierenden am Institut für Soziologie und Demographie der Universität Rostock durchgeführt.

Freiwilliges Engagement stellt eine wichtige Größe in unserer Gesellschaft dar, ist vielfältig und macht sich in nahezu allen Bereichen unseres Alltags bemerkbar. Unsere Studie verfolgt das Ziel, freiwilliges Engagement besser zu verstehen und richtet sich gleichermaßen an Personen, die kein freiwilliges Engagement ausüben, und jene, die ein freiwilliges Amt inne haben. Warum engagieren sich einige Menschen? Was sind die Gründe, aus denen sich andere nicht engagieren können oder möchten? Und in welchen Merkmalen unterscheiden sich Engagierte und Nicht-Engagierte? Zur Beantwortung dieser und anderer Fragen sind wir für Ihre Mithilfe dankbar.

Das Ausfüllen des Fragebogens wird etwa 30 Minuten in Anspruch nehmen. Es gibt keine „richtigen“ oder „falschen“ Antworten. Beantworten Sie die Fragen bitte offen und ehrlich.

Anonymität und Datenschutz:

Ihre Antworten werden selbstverständlich anonym ausgewertet. An keiner Stelle werden Ihr Name, Ihre Adresse u.ä. festgehalten; eine Identifikation ist deshalb nicht möglich. Die Fragebögen werden nach dem Untersuchungsabschluss vernichtet. Die Erhebung und Auswertung der Daten werden von erfahrenen Mitarbeiterinnen und Mitarbeitern des Instituts für Soziologie und Demographie der Universität Rostock betreut und beaufsichtigt. Die Weitergabe Ihrer Daten an Dritte ist ausgeschlossen.

Für Rückfragen und Informationen wenden Sie sich bitte an:

Anhang 2: Fragebogen:

0.	Geben Sie bitte die 5-6-stellige Kennung an, die Ihnen von Ihrem Interviewer mitgeteilt wurde.			V0
	____________		1	

1.	Bitte geben Sie Ihr Geschlecht an.			V1
A	Männlich	❑	1	
B	Weiblich	❑	2	

2.	Bitte geben Sie Ihr Alter an.			V2
	__________ Jahre		1	

Freizeit, Mediennutzung & Zeitverwendung

3.	Wie viel Freizeit haben Sie an einem durchschnittlichen Tag zu Ihrer eigenen freien Verfügung (ohne ehrenamtliches Engagement) an …							V3
		Weniger als 1 Stunde	1 bis <2 Stunden	2 bis <3 Stunden	3 bis <5 Stunden	Mehr als 5 Stunden		
A	… einem Wochentag (Montag bis Freitag).	❑	❑	❑	❑	❑		
B	… einem Wochenendtag (Sonnabend / Sonntag).	❑	❑	❑	❑	❑		
						k.A.		

4.	Empfinden Sie Ihre Freizeit als ausreichend?			V4
A	Ja	☐		
B	Nein	☐		

C	Weiß nicht k.A.	☐ ☐		

5.	Mit welchen Aktivitäten verbringen Sie Ihre Freizeit? (Mehrfachnennung möglich)			V5
A	Freunde /Verwandte treffen	☐		
B	Mit sportlichen Aktivitäten	☐		
C	Kunst (Musik, Fotographie, Zeichnen,…)	☐		
D	Medien (Filme, Serien, PC-Spiele,…)	☐		
E	Sonstiges	☐		
	k.A.	☐		

Folgend haben wir ein paar Fragen zu freiwilligem Engagement. Damit sind freiwillig übernommene, gemeinwohlorientierte Aufgaben und Arbeiten gemeint, die unbezahlt oder gegen eine geringe Aufwandsentschädigung ausgeübt werden.

Engagement

6.	Üben Sie derzeitig ein freiwilliges Engagement aus und wenn ja in welchen Bereichen? (Mehrfachnennung möglich)			V6
A	Nein, ich bin momentan nicht engagiert. (→ weiter mit Frage 20)	☐		
B	Kinder-, Jugend- und Bildungsarbeit	☐		
C	Berufliche/Studentische Interessenvertretung	☐		
D	Politische Interessenvertretung	☐		
E	Sport und Bewegung	☐		
F	Kultur und Musik	☐		
G	Freizeit und Geselligkeit	☐		
H	Umwelt-, Natur- und Tierschutz	☐		
I	Feuerwehr und Rettungsdienste	☐		
J	Lokales Bürgerengagement	☐		
K	Sozialer Bereich, Pflege und Gesundheit	☐		
L	Kirche und Religion	☐		
M	Sonstiges	☐		
	k.A.	☐		

Teil A: Fragen an Personen, die ein freiwilliges Engagement ausüben

7.	In welcher Organisationsform engagieren Sie sich? (Mehrfachnennung möglich)			V7
A	Eingetragener Verein (e.V.)	❑		
B	Bürgerinitiative	❑		
C	Politische Partei/Organisation	❑		
D	Pflege- und Betreuungseinrichtung (Jugend-, Senioren-, Stadtteil-Clubs,	❑		
	Pflegeheim, Flüchtlingsunterkunft etc.)	❑		
E	Religionsgemeinschaft	❑		
F	Andere Interessensgruppen oder Einrichtungen	❑		
	k.A.	❑	9	

8.	Welche Aufgaben und Funktionen nehmen Sie wahr? (Mehrfachnennung möglich)			V8
A	Mitgliederbetreuung und –anleitung (z.B. Trainer)	❑		
B	Aktive Mitgliedschaft (Spieler, Chorsänger, Aktivist etc.)	❑		
C	Führungsverantwortung (Vorstand, sonstige Ämter)	❑		
D	Organisationsaufgaben (Kasse, Sekretariat, Planung etc.)	❑		
E	Sonstiges	❑		
	k.A.	❑	9	

9.	Seit wann üben Sie das freiwillige Engagement / die Tätigkeit/en aus?			V9
A	Weniger als 1 Jahr	❑	1	
B	1 bis < 2 Jahre	❑	2	
C	2 bis < 4 Jahre	❑	3	
D	4 Jahre und länger	❑	4	
	k.A.	❑	9	

10.	Wie viel Zeit pro Woche investieren Sie in Ihr freiwilliges Engagement?			V10
A	< 1 Stunde	❑	1	
B	1 bis < 3 Stunden	❑	2	
C	3 bis < 5 Stunden	❑	3	
D	5 bis < 8 Stunden	❑	4	
E	8 bis < 12 Stunden	❑	5	
F	12 und mehr Stunden	❑	6	
	k.A.	❑	9	

11.	Wie weit entfernt ist der Ort bzw. wie groß ist der Umkreis, an/in dem Ihr Engagement	V11

	<u>hauptsächlich</u> stattfindet, von Ihrem Zuhause aus gesehen? (Bei mehr als einem Engagement: größte/r Entfernung/Umkreis)			
A	Ich arbeite größtenteils von zu Hause aus.	☐		
B	bis zu 3km	☐		
C	3km bis < 10km	☐		
D	10km bis < 20km	☐		
E	20km bis < 30km	☐		
F	mehr als 30km	☐		
G	Ich übe das Engagement an vielen verschiedenen Orten aus und muss dafür regelmäßig längere Strecken zurücklegen.	☐		
	k.A.	☐		

12.	Bekommen Sie für Ihre Tätigkeit eine Aufwandsentschädigung und wenn ja, in welcher Höhe?			V12
A	Nein, ich bekomme keine Aufwandsentschädigung.	☐		
B	Ja, bis zu 20 € jährlich.	☐		
C	Ja, bis zu 50 € jährlich.	☐		
D	Ja, bis zu 100 € jährlich.	☐		
E	Ja, bis zu 30 € monatlich.	☐		
F	Ja, bis zu 100 € monatlich.	☐		
G	Ja, mehr als 100 € monatlich.	☐		
	k.A.	☐		

13.	Welche finanziellen Aufwendungen, die im Rahmen Ihrer Tätigkeit <u>real</u> anfallen, werden Ihnen aktuell zusätzlich erstattet? (Mehrfachnennung möglich)			V13
A	Fahrt- und/oder Reisekosten (km-Geld, Übernachtung etc.)	☐		
B	Materialkosten (Schreibwaren, Arbeitsbekleidung etc.)	☐		
C	Dienstleistungsgebühren (Kurse, Telefonkosten etc.)	☐		
D	Sonstiges	☐		
E	Ich bekomme meine Kosten nicht erstattet.	☐		
F	Meine Tätigkeit ist mit gar keinen Kosten verbunden.	☐		
	k.A.	☐		

14.	Inwieweit stimmen Sie folgenden Aussagen zu? Durch mein freiwilliges Engagement kann ich …	V14

		Stimme voll und ganz zu	Stimme eher zu	Teils/ teils	Stimme eher nicht zu	Stimme gar nicht zu		
A	… die Gesellschaft mitgestalten.	❑	❑	❑	❑	❑		
B	… mit anderen Menschen zusammenkommen.	❑	❑	❑	❑	❑		
C	… Ansehen gewinnen.	❑	❑	❑	❑	❑		
D	… anderen Menschen helfen.	❑	❑	❑	❑	❑		
E	… beruflich vorankommen.	❑	❑	❑	❑	❑		

15.	Inwieweit werden Sie von Ihrer Familie oder Freunden bezüglich Ihres Engagements unterstützt?			V15
A	Hilfe bei Alltagsaufgaben	❑		
B	Verständnis für Zeitmangel	❑		
C	Lob	❑		
D	Aktive Unterstützung innerhalb des Ehrenamts	❑		
E	Passive Unterstützung innerhalb des Ehrenamts	❑		
F	Keine Unterstützung	❑		
G	Sonstiges: __________	❑		
	k.A.			

16.	Welche(r) der folgenden Beweggründe hat/haben Ihre Entscheidung beeinflusst, sich freiwillig zu engagieren? (Mehrfachnennung möglich)			V16
A	Spaß / Interesse an der Tätigkeit/ Persönliche Überzeugung	❑		
B	Weiterbildung	❑		
C	Arbeitslosigkeit	❑		
D	Frührente, Altersteilzeit	❑		
E	Verlust des Partners (Trennung, Scheidung, Ableben)	❑		
F	Eigene Krankheit	❑		
G	Krankheit von Familienmitgliedern oder Freunden	❑		
H	Auszug der Kinder	❑		

I	Motivation durch Andere	❑		
J	Betroffenheitsgefühl	❑		
K	Persönlicher Bezug/persönliche Erfahrung	❑		
L	Ablenkung/Zeitvertreib	❑		
M	Dankbarkeit (Sie möchten sich revanchieren und/oder etwas „zurückgeben“)	❑		
N	Kein besonderer Grund	❑		
O	Anderes:_________	❑		
	k.A.		9	

18.	Inwieweit werden Sie von Ihrem Arbeitgeber bezüglich Ihres Engagements unterstützt?			V18
A	Trifft nicht zu (kein Arbeitgeber)	❑		
B	Keine Unterstützung	❑		
C	Sonderurlaub	❑		
D	Sonderzahlungen	❑		
E	Lob	❑		
F	Verständnis (z. B. kurzfristige Absprachen zugunsten des Engagements möglich)	❑		
G	Sonstiges und zwar: _________	❑		
	k.A.			

19.	Wie lautet Ihre Meinung zu folgenden Aussagen?				V19
		Ja	Nein		
A	Können Sie nachvollziehen, dass es Menschen gibt, die sich im Falle einer Arbeitslosigkeit sozial engagieren, um etwas zu tun zu haben?	❑	❑		
B	Kennen Sie arbeitslose Personen, die sich sozial engagieren?	❑	❑		
C	Würden Sie sich im Falle einer Arbeitslosigkeit sozial engagieren?	❑	❑		

Bitte machen Sie weiter mit Frage 27!

Teil B: Fragen an Personen, die kein freiwilliges Engagement ausüben

20.	Haben Sie sich früher schon einmal freiwillig engagiert?	V20

A	Ja	❑		
B	Nein (→ weiter mit Frage 22)	❑		

21.	Aus welchen Gründen haben Sie Ihr letztes Engagement aufgegeben? (Mehrfachnennung möglich)			V21
A	Zeitmangel	❑		
B	Meine Interessen haben sich geändert.	❑		
C	Meine Tätigkeit war befristet. (Studien-/Betriebsrat, Vorstand, sonstige gewählte Ämter/Positionen; u.a.)	❑		
D	altersbedingtes Ausscheiden (z.B. Ruhestand)	❑		
E	Streitigkeiten mit anderen Mitgliedern	❑		
F	Unzufriedenheit mit der Organisation (Struktur, Vorstand, Regeln etc.)	❑		
G	Unzufriedenheit mit meiner ausgeführten Arbeit/Tätigkeit	❑		
H	Umzug/Ortswechsel/Pendeln	❑		
I	Berufliche Veränderungen/Gründe	❑		
J	Private Veränderungen/Gründe (z.B. Familiengründung)	❑		
K	Gesundheitliche Gründe	❑		
L	Finanzielle Gründe	❑		
M	Anderer Grund	❑		
	k.A.	❑		

22.	Wären Sie bereit sich zu engagieren?			V22
A	Ja	❑		
B	Nein (→ weiter mit Frage 25)	❑		
	k.A.			

23.	Wie viel Zeit pro Woche würden Sie für das freiwillige Engagement investieren?			V23
A	< 1 Stunde	❑		
B	1 bis < 3 Stunden	❑		
C	3 bis < 5 Stunden	❑		
D	5 bis < 8 Stunden	❑		
E	8 bis < 12 Stunden	❑		
F	12 und mehr Stunden	❑		
	k.A.	❑		

24.	In welchen Bereichen würden Sie sich freiwillig engagieren?			V24
A	Kinder-, Jugend und Bildungsarbeit	❑		
B	Berufliche/Studentische Interessenvertretung	❑		
C	Politische Interessenvertretung	❑		
D	Sport und Bewegung	❑		
E	Kultur und Musik	❑		
F	Freizeit und Geselligkeit	❑		
G	Umwelt, Naturschutz, Tierschutz	❑		
H	Feuerwehr und Rettungsdienste	❑		
I	Lokales Bürgerengagement	❑		
J	Sozialer Bereich, Pflege und Gesundheit	❑		
K	Kirche und Religion	❑		
L	Sonstiges			
	k. A			

25.	Engagieren Sie sich Ihrer Meinung nach gesellschaftlich, jedoch wurde diese Tätigkeit nicht in diesem Fragebogen erfragt?			V25
A	Ja, und zwar______________________________ (→ weiter mit Frage 27)	❑		
B	Nein	❑		
	k.A.			

26.	Warum können/möchten Sie sich gegenwärtig nicht engagieren? (Mehrfachnennung möglich)			V26
A	Wegen Zeitmangel	❑		
B	Ich habe bei solchen Tätigkeiten keinen Versicherungsschutz	❑		
C	Aus finanziellen Gründen	❑		
D	Ich bin für so etwas nicht geeignet	❑		
E	Aus Altersgründen	❑		
F	Aus gesundheitlichen Gründen	❑		
G	Aus psychischen Gründen	❑		
H	Man hat nur Arbeit, ohne eigenen Nutzen	❑		
I		❑		

J	Ich habe keine Lust	❑		
	Ich habe noch keinen passenden Bereich gefunden	❑		
	Sonstiges und zwar: __________			
	k. A.			

Ab hier wieder weiter für alle: Teil C

Familiäre Situation & soziales Umfeld

27.	Sind Sie momentan in einer festen Partnerschaft?			V27
A	Ja	❑	1	
B	Nein	❑	2	
	k.A.		9	

28.	Welchen Familienstand haben Sie?			V28
A	Ledig	❑		
B	Verheiratet, mit dem Partner zusammen lebend	❑		
C	Verheiratet, vom Partner getrennt lebend	❑		
D	Geschieden	❑		
E	Verwitwet	❑		
F	Eingetragene Lebenspartnerschaft	❑		
	k.A.	❑		

29.	Haben Sie Kinder?			V29
A	Ja, (Anzahl) : _ _	❑		
B	Nein (→ weiter mit Frage 30)	❑		
	k.A.	❑		

30.	Wie alt sind Ihre Kinder?	V30
A	Kind : _ _ _ _	
B	Kind : _ _ _ _	
C	Kind: _ _ _ _	
D	Kind: _ _ _ _	

E	Kind: ____		
F	Weitere Kinder : ____ k.A. ☐		

31.	Was trifft auf Sie zu? (Mehrfachnennung möglich)			V31
A	Ich habe keine Geschwister bzw. ich bin nicht mit ihnen aufgewachsen	❑		
B	Ich bin mit älteren Geschwistern aufgewachsen	❑		
C	Ich bin mit (in etwa) gleichaltrigen Geschwistern aufgewachsen	❑		
D	Ich bin mit jüngeren Geschwistern aufgewachsen	❑		
	k.A	❑		

32.	Mit welchen Personen leben Sie in einem Haushalt? (Mehrfachnennung möglich)			V32
A	Ich lebe allein	❑		
B	Mit leiblichen Kindern	❑		
C	Mit nicht leiblichen Kindern	❑		
D	Mit Partner	❑		
E	Mit Eltern	❑		
F	Mit anderen Verwandten	❑		
G	Andere Wohngemeinschaft	❑		
		❑		

33.	War/ist jemand der folgenden Personen ehrenamtlich tätig? (Mehrfachnennung möglich)			V33
A	Ja, meine Mutter	❑		
B	Ja, mein Vater	❑		
C	Ja, mein Bruder / meine Schwester	❑		
D	Weitere Familienmitglieder	❑		

E	Freund(e)_in(nen)	❑		
F	Nein	❑		
	k.A.	❑		

34.	Wie lautet Ihre Meinung zu folgenden Aussagen?				V34
		Ja	Nein		
A	Können Sie nachvollziehen, dass es Menschen gibt, die sich im Falle einer Arbeitslosigkeit sozial engagieren, um etwas zu tun zu haben?	❑	❑		
B	Kennen Sie arbeitslose Personen, die sich sozial engagieren?	❑	❑		
C	Würden Sie sich im Falle einer Arbeitslosigkeit sozial engagieren?	❑	❑		

Soziodemografische Merkmale

35.	Haben Sie die deutsche Staatsangehörigkeit?			V35
A	Ja	❑		
B	Nein	❑		
		❑		
	k.A.			

36.	Wurden Sie in Deutschland geboren?			V36
A	Ja (→ weiter mit Frage 37)	❑	1	
B	Nein	❑	2	
		❑	99	
	k.A.			
37.	Wenn Nein, seit welchem Jahr leben Sie in Deutschland?			V37
			1	
	Jahr: __________			
		❑	99	
	k.A.			

38.	Bitte geben Sie an, in welchem Bundesland Sie… ?	V38

		Überwiegend aufgewachsen sind	Derzeit leben	
A	Mecklenburg-Vorpommern	❑	❑	
B	Sachsen	❑	❑	
C	Sachsen-Anhalt	❑	❑	
D	Brandenburg	❑	❑	
E	Berlin	❑	❑	
F	Hessen	❑	❑	
G	Bayern	❑	❑	
H	Niedersachsen	❑	❑	
I	Brandenburg	❑	❑	
J	Bremen	❑	❑	
K	Hamburg	❑	❑	
L	Nordrhein-Westphalen	❑	❑	
M	Baden-Württemberg	❑	❑	
N	Saarland	❑	❑	
O	Schleswig-Holstein	❑	❑	
P	Thüringen	❑	❑	
	k.A.	❑	99	

39.	Bitte geben Sie die Größe Ihres Wohnortes an, in dem Sie…			V39
		Überwiegend aufgewachsen sind	Derzeit leben	
A	Weniger als 2000 Einwohner	❑	❑	
B	2000 bis unter 5000 Einwohner	❑	❑	
C	5000 bis unter 20.000 Einwohner	❑	❑	
D	20.000 bis unter 100.000 Einwohner	❑	❑	
E	100.000 bis unter 500.000 Einwohner	❑	❑	
F	500.000 und mehr Einwohner	❑	❑	
	k.A.	❑		

40.	Welchen höchsten Bildungsabschluss haben Sie?			V40
A	Keinen Schulabschluss	❑		

B	Volks- oder Hauptschule / Abschluss 8. Klasse	❑		
C	Mittlere Reife / Abschluss 10. Klasse (EOS)	❑		
D	Fachhochschulreife	❑		
E	Abitur / Hochschulreife (POS)	❑		
F	Abgeschlossenes Hochschulstudium	❑		
	k.A.	❑		

41.	Sind Sie derzeit…			V41
A	Erwerbstätig	❑		
B	Schüler_in	❑		
C	In (beruflicher) Ausbildung	❑		
D	Im Studium	❑		
E	Arbeitslos gemeldet	❑		
F	Hausfrau, Hausmann	❑		
G	Rentner_in, Pensionär_in	❑		
H	Im freiwilligen Wehrdienst/Bundesfreiwilligendienst/FSJ/FÖJ	❑		
I	Ich bin aus anderen Gründen nicht (hauptberuflich) erwerbstätig	❑		
	k.A.	❑		

42.	Bitte geben Sie an was auf Ihre Erwerbstätigkeit zutrifft.			V42
A	Nicht erwerbstätig (→ weiter mit Frage 43)	❑	1	
B	Nebenher erwerbstätig	❑	2	
C	Hauptberuflich erwerbstätig, halbtags	❑	3	
D	Hauptberuflich erwerbstätig, ganztags	❑	4	
	k.A.	❑	99	

43.	Wie viele Stunden arbeiten Sie pro Woche, zuzüglich der Überstunden?			V43
	Stunden pro Woche:__________	❑		
	k.A.			

44.	Wie hoch ist Ihr persönliches monatliches Netto-Einkommen bzw. Ihr monatlich zur	V44

	Verfügung stehendes Geld? (Also die Summe, die nach Abzug der Steuern und Sozialversicherungs-beiträge übrigbleibt.)			
	_________€ (→ Weiter mit Frage 46)			
	k.A. (→ weiter mit Frage 45)	❑		

45.	Wie hoch ist Ihr persönliches monatliches Netto-Einkommen bzw. Ihr monatlich zur Verfügung stehendes Geld? (Also die Summe, die nach Abzug der Steuern und Sozialversicherungsbeiträge übrigbleibt.)	V45		
A	Unter 200€	❑	1	
B	200€ bis unter 500€	❑	2	
C	500€ bis unter 1000€	❑	3	
D	1000€ bis unter 1500€	❑	4	
E	1500€ bis unter 2000€	❑	5	
F	2000€ bis unter 3000€	❑	6	
G	3000€ bis unter 4000€	❑	7	
H	4000€ bis unter 5000€	❑	8	
I	5000€ oder mehr	❑	9	
	k.A.	❑	99	

46.	Wie zufrieden sind Sie mit Ihrer derzeitigen finanziellen Situation?			V46
A	sehr zufrieden	❑	1	
B	Zufrieden	❑	2	
C	Teils/teils	❑	3	
D	nicht zufrieden	❑	4	
E	überhaupt nicht zufrieden	❑	5	
	k.A.		9	

Gesundheit, Wohlbefinden, Lebenszufriedenheit

47.	Wie würden Sie insgesamt Ihren gegenwärtigen Gesundheitszustand beschreiben?			V47
A	Sehr gut	❑		
B	Gut	❑		

C	Zufriedenstellend	❑		
D	Weniger gut	❑		
E	Schlecht	❑		
	k.A.			

48.	Leiden Sie an einer der folgenden chronischen Erkrankungen? Hinweis: Chronische Krankheiten sind lang andauernde oder häufig wiederkehrende Erkrankungen, die ständiger Behandlung und Kontrolle bedürfen. (Mehrfachnennung möglich)			V48
A	Ich leide an **keiner** chronischen Erkrankung	❑		
B	Erhöhte Blutfettwerte	❑		
C	Bluthochdruck, Herz- oder Kreislaufprobleme	❑		
D	Bandscheiben-, Gelenk- und Wirbelsäulenerkrankungen	❑		
E	Zuckerkrankheit/Diabetes Mellitus	❑		
F	Allergien oder Unverträglichkeiten	❑		
G	Migräne/chronische Kopfschmerzen	❑		
H	Schlafstörungen	❑		
I	Krankheiten des Muskel- und Nervensystems	❑		
J	Krebserkrankung(en)	❑		
K	Krankheiten des Verdauungssystems (Magen, Darm, Harnsystem)	❑		
L	Krankheiten der Atmungsorgane	❑		
M	Andere chronische Krankheit/en	❑		
	k.A.	❑		

49.	Wie stark fühlen Sie sich bei folgenden Tätigkeiten im Alltag eingeschränkt?						V49
		Stark eingeschränkt	Etwas eingeschränkt	Überhaupt nicht eingeschränkt	Keine Angabe		
A	Wenn Sie Treppen steigen müssen, also mehrere Stockwerke zu Fuß hochgehen?	❑	❑	❑	❑		
B	Beim sich Bücken, Knieen oder Beugen?	❑	❑	❑	❑		
C	Beim Heben oder Tragen von	❑	❑	❑	❑		

D	Einkaufstaschen? Wenn Sie mehr als einen Kilometer zu Fuß gehen?	❑	❑	❑	❑		
					k.A.	❑	

50.	Wie sehr stimmen Sie den folgenden Aussagen zu?							
		Stimme voll zu	Stimme zu	Teils/ teils	Stimme nicht zu	Stimme gar nicht zu		
A	Mein Leben füllt mich insgesamt aus	❑	❑	❑	❑	❑	1-5	V50.1
B	Mein Beruf macht mich glücklich	❑	❑	❑	❑	❑	1-5	V50.2
C	Mein Privatleben stellt mich zufrieden	❑	❑	❑	❑	❑	1-5	V50.3
D	Meine sozialen Kontakte erfüllen mich	❑	❑	❑	❑	❑	1-5	V50.4
						k.A.	9	

Persönlichkeitsmerkmale, Einstellungen, Werte & Normen

51.	Wie groß ist Ihr Interesse an Politik?			V51
A	Sehr groß	❑	1	
B	Groß	❑	2	
C	Mäßig	❑	3	
C	Gering	❑	4	
D	Kein Interesse	❑	5	
	k.A.		9	

52.	Informieren Sie sich aktiv über das aktuelle politische Geschehen?			V52
A	Ja, regelmäßig	❑	1	
	Ja, gelegentlich	❑	2	

	Ja, selten	❑	3	
B	Nein	❑	4	
	k.A.		9	

53.	Wenn am Sonntag Bundestagswahl wäre, welcher Partei würden Sie Ihre Stimme geben?			V53
A	CDU/CSU	❑	1	
B	SPD	❑	2	
C	B90/Grüne	❑	3	
D	FDP	❑	4	
E	Die Linke	❑	5	
F	AfD	❑	6	
G	NPD	❑❑	7	
H	Andere Parteien	❑	8	
I	Ich weiß nicht/ich würde nicht wählen gehen		9	
	k.A.		10	

54.	Sind Sie Mitglied in einer Partei?			V54
A	Ja	❑	1	
B	Nein	❑	2	
	k.A.		9	

55.	Inwiefern sind Sie persönlich bereit,…							V55
		Sehr bereit 1	2	3	4	Nicht bereit 5		
A	… höhere Preise für Produkte zu bezahlen, die weniger umweltbelastet oder aus der Region sind?	❑	❑	❑	❑	❑	1-5	V55.1
B	… den öffentlichen Personennahverkehr zu nutzen, anstelle des Autos?	❑	❑	❑	❑	❑	1-5	V55.2
C	… sich in einer Naturschutzgruppe oder für die Umwelt zu engagieren?	❑	❑	❑	❑	❑	1-5	V55.3
						k.A.	9	

56.	Welcher Konfession oder Religionsgemeinschaft fühlen Sie sich zugehörig?			V56
A	Römisch-katholisch	❑	1	
B	Evangelisch	❑	2	
C	Angehöriger einer anderen christlichen Religionsgemeinschaft	❑	3	
D	Islamischer Glauben	❑	4	
E	Jüdischer Glauben	❑	5	
F	Sonstiger	❑❑	6	
G	Keiner (→ weiter mit Frage 57)		9	
	k.A.			

57.	Wie sehr fühlen Sie sich mit dieser Konfession oder Religionsgemeinschaft verbunden?			V57
A	Stark	❑	1	
B	Mittel	❑	2	
C	Wenig	❑	3	
D	Gar nicht	❑	4	
	k.A.		9	

58.	Sind Sie der Meinung, dass sich jeder Mensch für die Gesellschaft einsetzen sollte? (finanziell und/oder durch ein freiwilliges Engagement)			V58
A	Stimme zu.	❑	1	
B	Stimme eher zu.	❑	2	
C	Teils/teils.	❑	3	
D	Stimme eher nicht zu.	❑	4	
E	Stimme überhaupt nicht zu.	❑	5	
	k.A.		9	

59.	Wie würden Sie Ihr Verhalten im Umgang mit Geld am ehesten beschreiben?			V59
A	Ich versuche, so viel Geld wie möglich zu sparen.	❑	1	
B	Ich spare und gebe meistens nur Geld aus, wenn ich etwas brauche.	❑	2	
C	Ab und zu gönne ich mir etwas, das ich nicht unbedingt brauche.	❑	3	
D	Ich habe nichts angespart. Geld, das mir zur Verfügung steht, gebe ich aus.	❑	4	
	k.A.		9	

60.	Sind Sie der Meinung, dass Geldspenden gleichwertig mit einer ehrenamtlichen Tätigkeit sind?	V60

A	Stimme zu	❑	1	
B	Stimme eher zu	❑	2	
C	Teils/teils	❑	3	
D	Stimme eher nicht zu	❑	4	
E	Stimme überhaupt nicht zu	❑	5	
	k.A.		9	

61.	Haben Sie schon einmal Geld für einen wohltätigen Zweck oder an einen wohltätigen Verein gespendet?			V61
A	Nein, noch nie.	❑	1	
B	Ja, ich habe schon einmal gespendet.	❑	2	
C	Ja, ich habe schon häufiger gespendet.	❑	3	
D	Ja, ich spende regelmäßig.	❑	4	
	k.A.		9	

62.	Wieviel haben Sie innerhalb der letzten 12 Monate gespendet?			V61
A	Unter 10 €	❑	1	
B	10 bis unter 50 €	❑	2	
C	50 bis unter 100 €	❑	3	
D	100 bis unter 200 €	❑	4	
E	200 bis unter 500 €	❑	5	
F	Über 500 €	❑	6	
	k.A.		9	

Vielen Dank für Ihre Teilnahme!

Anhang 2: Syntax

```
*Kodierung der Altersgruppen.
recode SD02_01 (18 19=1) (20 thru 24=2) (25 thru 29=3) (30 thru 34=4) (35 thru 39=5) (40 thru 44=6) (45 thru 49=7) (50 thru 54=8) (55 thru 59=9) (60 thru 64=10) (65 thru HI=11) into Altersgruppen.
EXECUTE.
fre Altersgruppen.

*Erstellen der Gewichtungsvariable.
compute gewicht=1.
if SD01=1 and Altersgruppen=2 gewicht=0.2389.
if SD01=1 and Altersgruppen=3 gewicht=0.5420.
if SD01=1 and Altersgruppen=4 gewicht=1.0239.
if SD01=1 and Altersgruppen=5 gewicht=1.1469.
if SD01=1 and Altersgruppen=6 gewicht=1.3792.
if SD01=1 and Altersgruppen=7 gewicht=1.2386.
if SD01=1 and Altersgruppen=8 gewicht=1.8234.
if SD01=1 and Altersgruppen=9 gewicht=2.1173.
if SD01=2 and Altersgruppen=2 gewicht=0.4880.
if SD01=2 and Altersgruppen=3 gewicht=0.5775.
if SD01=2 and Altersgruppen=4 gewicht=1.3462.
if SD01=2 and Altersgruppen=5 gewicht=1.8577.
if SD01=2 and Altersgruppen=6 gewicht=2.4810.
if SD01=2 and Altersgruppen=7 gewicht=2.6356.
if SD01=2 and Altersgruppen=8 gewicht=2.1241.
if SD01=2 and Altersgruppen=9 gewicht=2.1768.
EXECUTE.
fre gewicht.

*Gewichtung aktiv.
weight by gewicht.

*Aufbereitung der Abhängigen Variable: Bereitschaft zum Ehrenamt.
recode TB03 (1=1) (2=2) (else=9) into Bereitschaft_Engagement.
var lab Bereitschaft_Engagement Sind Sie bereit sich zu engagieren.
val lab Bereitschaft_Engagement 1'Ja' 2'Nein' 9'Fehlend'.
```

```
*Löschen der Missings.
select if (Bereitschaft_Engagement=1) or (Bereitschaft_Engagement=2).
fre Bereitschaft_Engagement.

*Variable Geschlecht.

*Umbennen der Variable Geschlecht.
RENAME VARIABLES SD01=Geschlecht.
fre Geschlecht.

*1.Chi2-Test: Bereitschaft.und Geschlecht.
CROSSTABS Bereitschaft_Engagement by Geschlecht/cells=count co-
lumn/STATISTICS=chi2.
CROSSTABS Bereitschaft_Engagement by Geschlecht/cells=count co-
lumn/STATISTICS=phi.

*Variable Alter.

*Altersgruppen neu kategorisieren.
recode SD02_01 (18 thru 29=1) (30 thru 44=2) (45 thru 59=3) (60 thru 80=4) into Altergr.
var lab Altergr Altersgruppe.
val lab Altergr 1'18bis29' 2'30 bis 44' 3'45 bis 59' 4'60 bis 80'.
fre Altergr.

*2. Chi-2-Test: Bereitschaft und Alter.
CROSSTABS Bereitschaft_Engagement by Altergr/cells=count column/STATISTICS=chi2.
CROSSTABS Bereitschaft_Engagement by Altergr/cells=count column/STATISTICS=phi.

*Variable Bildung.
fre SM06.
*Umkodieren der Bildungsvariable.
recode SM06 (1 2=1) (3=2) (4 5 6=3) (else=9) into Bildung.
var lab Bildung Höchster Bildungsabschluss.
val lab Bildung 1 'Niedrige Bildung' 2 'Mittlere Bildung' 3 'Hohe Bildung' 9 'Fehlend'.

*Löschen der Missings.
```

```
select if (Bildung=1) or (Bildung=2) or (Bildung=3).
fre Bildung.

*3. Chi2-Test: Bereitschaft und Bildung.
CROSSTABS Bereitschaft_Engagement by Bildung/cells=COUNT column/STATISTICS=chi2.
CROSSTABS Bereitschaft_Engagement by Bildung/cells=column/STATISTICS=phi.

*Variable Partnerschaft.

*Umkodieren und Löschen der Missings.
select if (TC01=1) or (TC01=2).
recode TC01 (1=1) (2=2) into Partnerschaft.
val lab Partnerschaft 1 'Ja' 2 'Nein'.
fre Partnerschaft.

*4. Chi2-Test: Bereitschaft und Partnerschaft.
CROSSTABS Bereitschaft_Engagement by Partnerschaft/cells=COUNT column/STATISTICS=chi2.
CROSSTABS Bereitschaft_Engagement by Partnerschaft/cells=column/STATISTICS=phi.

*Variable Freizeit.

*Umkodieren der Variable.
recode fz03 (1=1) (2=0) (else=9) into Freizeit.
var lab Freizeit Freizeit ausreichend.
val lab Freizeit 1 'ausreichend' 0 'nicht ausreichend' 9 'Fehlend'.
fre Freizeit.

*5. Chi2-Test: Bereitschaft - Freizeit.
CROSSTABS Bereitschaft_Engagement by Freizeit/cells=COUNT column/STATISTICS=chi2.
CROSSTABS Bereitschaft_Engagement by Freizeit/cells=column/STATISTICS=phi.

*Variable Engagement von Familienmitgliedern.
fre TC07_01.
fre TC07_02.
```

```
fre TC07_03.
fre TC07_04.
*Erzeugen einer neuen Variable.
compute EngFam=999.
if (TC07_01=1 or TC07_02=1 or TC07_03=1 or TC07_04=1) EngFam=1.
if (TC07_01=2 or TC07_02=2 or TC07_03=2 or TC07_04=2) EngFam=2.
if missing (TC07_01) or missing (TC07_02) or missing (TC07_03) or missing (TC07_04) EngFam=9.
EXECUTE.
var lab EngFam Engagement von Familienmitgliedern.
val lab EngFam 1 'Ja' 2 'Nein' 9 'Fehlend'.
fre EngFam.

*6. Chi2-Test: Bereitschaft und Engagement von Familienmitgliedern.
CROSSTABS Bereitschaft_Engagement by EngFam/cells=COUNT column/STATISTICS=chi2.
CROSSTABS Bereitschaft_Engagement by EngFam/cells=column/STATISTICS=phi.

*Logistische Regression.
DATASET ACTIVATE DataSet1.
LOGISTIC REGRESSION VARIABLES Bereitschaft_Engagement
/method= enter Geschlecht
/METHOD=ENTER Altergr
/METHOD=ENTER bildung
/METHOD=ENTER Partnerschaft
/method= enter Freizeit
/METHOD=ENTER EngFam
/contrast (Geschlecht)=INDICATOR (1)
/CONTRAST (Altergr)=Indicator (3)
/CONTRAST (bildung)=Indicator (3)
/CONTRAST (Partnerschaft)=Indicator (1)
/CONTRAST (Freizeit)=Indicator (2)
/CONTRAST (EngFam)=Indicator (1)
/CRITERIA=PIN(.05) POUT(.10) ITERATE(20) CUT(.5).
```